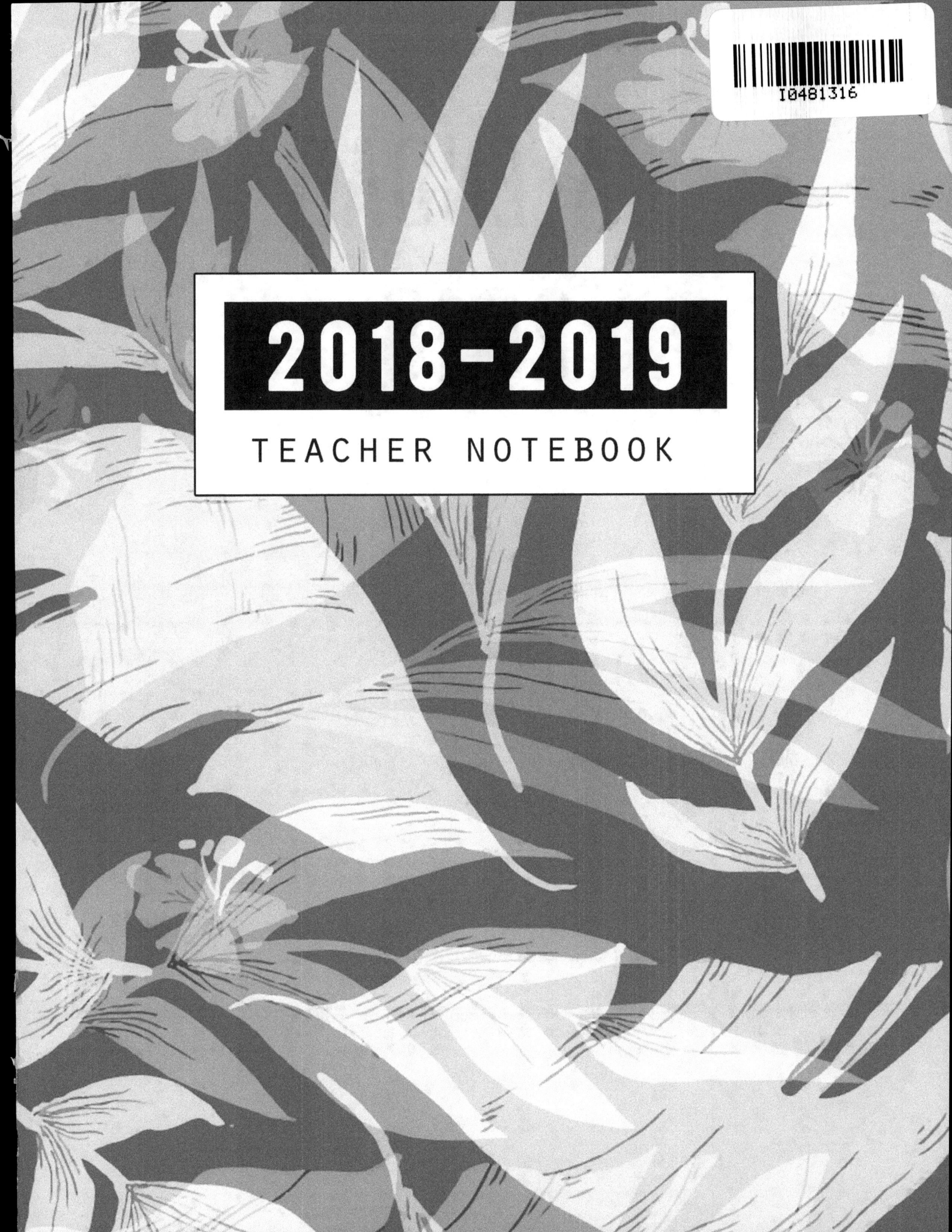

2018-2019

TEACHER NOTEBOOK

CALENDAR
2018

JANUARY

MON	TUE	WED	THU	FRI	SAT	SUN
1	2	3	4	5	6	7
8	9	10	11	12	13	14
15	16	17	18	19	20	21
22	23	24	25	26	27	28
29	30	31				

FEBRUARY

MON	TUE	WED	THU	FRI	SAT	SUN
			1	2	3	4
5	6	7	8	9	10	11
12	13	14	15	16	17	18
19	20	21	22	23	24	25
26	27	28				

MARCH

MON	TUE	WED	THU	FRI	SAT	SUN
			1	2	3	4
5	6	7	8	9	10	11
12	13	14	15	16	17	18
19	20	21	22	23	24	25
26	27	28	29	30	31	

APRIL

MON	TUE	WED	THU	FRI	SAT	SUN
						1
2	3	4	5	6	7	8
9	10	11	12	13	14	15
16	17	18	19	20	21	22
23	24	25	26	27	28	29
30						

MAY

MON	TUE	WED	THU	FRI	SAT	SUN
	1	2	3	4	5	6
7	8	9	10	11	12	13
14	15	16	17	18	19	20
21	22	23	24	25	26	27
28	29	30	31			

JUNE

MON	TUE	WED	THU	FRI	SAT	SUN
				1	2	3
4	5	6	7	8	9	10
11	12	13	14	15	16	17
18	19	20	21	22	23	24
25	26	27	28	29	30	

JULY

MON	TUE	WED	THU	FRI	SAT	SUN
						1
2	3	4	5	6	7	8
9	10	11	12	13	14	15
16	17	18	19	20	21	22
23	24	25	26	27	28	29
30	31					

AUGUST

MON	TUE	WED	THU	FRI	SAT	SUN
		1	2	3	4	5
6	7	8	9	10	11	12
13	14	15	16	17	18	19
20	21	22	23	24	25	26
27	28	29	30	31		

SEPTEMBER

MON	TUE	WED	THU	FRI	SAT	SUN
					1	2
3	4	5	6	7	8	9
10	11	12	13	14	15	16
17	18	19	20	21	22	23
24	25	26	27	28	29	30

OCTOBER

MON	TUE	WED	THU	FRI	SAT	SUN
1	2	3	4	5	6	7
8	9	10	11	12	13	14
15	16	17	18	19	20	21
22	23	24	25	26	27	28
29	30	31				

NOVEMBER

MON	TUE	WED	THU	FRI	SAT	SUN
			1	2	3	4
5	6	7	8	9	10	11
12	13	14	15	16	17	18
19	20	21	22	23	24	25
26	27	28	29	30		

DECEMBER

MON	TUE	WED	THU	FRI	SAT	SUN
					1	2
3	4	5	6	7	8	9
10	11	12	13	14	15	16
17	18	19	20	21	22	23
24	25	26	27	28	29	30
31						

2018 YEAR AT A GLANCE

| 01 | JANUARY | 02 | FEBRUARY | 03 | MARCH |

| 04 | APRIL | 05 | MAY | 06 | JUNE |

| 07 | JULY | 08 | AUGUST | 09 | SEPTEMBER |

| 10 | OCTOBER | 11 | NOVEMBER | 12 | DECEMBER |

2018 YEAR AT A GLANCE

07	JULY		08	AUGUST		09	SEPTEMBER
1		1		1	
2		2		2	
3		3		3	
4		4		4	
5		5		5	
6		6		6	
7		7		7	
8		8		8	
9		9		9	
10		10		10	
11		11		11	
12		12		12	
13		13		13	
14		14		14	
15		15		15	
16		16		16	
17		17		17	
18		18		18	
19		19		19	
20		20		20	
21		21		21	
22		22		22	
23		23		23	
24		24		24	
25		25		25	
26		26		26	
27		27		27	
28		28		28	
29		29		29	
30		30		30	
31		31			

2018 YEAR AT A GLANCE

10	OCTOBER	11	NOVEMBER	12	DECEMBER
1		1		1	
2		2		2	
3		3		3	
4		4		4	
5		5		5	
6		6		6	
7		7		7	
8		8		8	
9		9		9	
10		10		10	
11		11		11	
12		12		12	
13		13		13	
14		14		14	
15		15		15	
16		16		16	
17		17		17	
18		18		18	
19		19		19	
20		20		20	
21		21		21	
22		22		22	
23		23		23	
24		24		24	
25		25		25	
26		26		26	
27		27		27	
28		28		28	
29		29		29	
30		30		30	
31				31	

SEPTEMBER

2018

SUNDAY	MONDAY	TUESDAY	WEDNESDAY
2	3	4	5
9	10	11	12
16	17	18	19
23	24	25	26
30			

Sun	Mon	Tue	Wed	Thu	Fri	Sat
	1	2	3	4	5	6
7	8	9	10	11	12	13
14	15	16	17	18	19	20
21	22	23	24	25	26	27
28	29	30	31			

☐
☐
☐
☐
☐

THURSDAY	FRIDAY	SATURDAY	NOTES
		1	
6	7	8	
13	14	15	
20	21	22	
27	28	29	

SEPTEMBER 1, 2018

SEPTEMBER 2, 2018

SEPTEMBER 3, 2018

SEPTEMBER 4, 2018

SEPTEMBER 5, 2018

SEPTEMBER 6, 2018

SEPTEMBER 7, 2018

Notes

SEPTEMBER 8, 2018

SEPTEMBER 9, 2018

SEPTEMBER 10, 2018

SEPTEMBER 11, 2018

SEPTEMBER 12, 2018

SEPTEMBER 13, 2018

SEPTEMBER 14, 2018

Notes

SEPTEMBER 15, 2018

SEPTEMBER 16, 2018

SEPTEMBER 17, 2018

SEPTEMBER 18, 2018

SEPTEMBER 19, 2018

SEPTEMBER 20, 2018

SEPTEMBER 21, 2018

Notes

SEPTEMBER 22, 2018

SEPTEMBER 23, 2018

SEPTEMBER 24, 2018

SEPTEMBER 25, 2018

SEPTEMBER 26, 2018

SEPTEMBER 27, 2018

SEPTEMBER 28, 2018

Notes

SEPTEMBER 29, 2018

Notes

Notes

Notes

SEPTEMBER 30, 2018

Notes

Notes

Notes

OCTOBER

2018

SUNDAY	MONDAY	TUESDAY	WEDNESDAY
	1	2	3
7	8	9	10
14	15	16	17
21	22	23	24
28	29	30	31

NOVEMBER 2018

Sun	Mon	Tue	Wed	Thu	Fri	Sat
				1	2	3
4	5	6	7	8	9	10
11	12	13	14	15	16	17
18	19	20	21	22	23	24
25	26	27	28	29	30	

THURSDAY	FRIDAY	SATURDAY	NOTES
4	5	6	
11	12	13	
18	19	20	
25	26	27	

OCTOBER 1, 2018

_____
_____
_____
_____
_____

OCTOBER 2, 2018

_____
_____
_____
_____
_____

OCTOBER 3, 2018

_____
_____
_____
_____
_____

OCTOBER 4, 2018

_____
_____
_____
_____
_____

OCTOBER 5, 2018

_____
_____
_____
_____
_____

OCTOBER 6, 2018

_____
_____
_____
_____
_____

OCTOBER 7, 2018

_____
_____
_____
_____

Notes

_____
_____
_____
_____

OCTOBER 8, 2018

_____

_____

_____

_____

_____

OCTOBER 9, 2018

_____

_____

_____

_____

_____

OCTOBER 10, 2018

_____

_____

_____

_____

_____

OCTOBER 11, 2018

_____

_____

_____

_____

_____

OCTOBER 12, 2018

_____

_____

_____

_____

_____

OCTOBER 13, 2018

_____

_____

_____

_____

_____

OCTOBER 14, 2018

_____

_____

_____

_____

Notes

_____

_____

_____

_____

OCTOBER 15, 2018

_____

_____

_____

_____

_____

OCTOBER 16, 2018

_____

_____

_____

_____

_____

OCTOBER 17, 2018

_____

_____

_____

_____

_____

OCTOBER 18, 2018

_____

_____

_____

_____

_____

OCTOBER 19, 2018

_____

_____

_____

_____

_____

OCTOBER 20, 2018

_____

_____

_____

_____

_____

OCTOBER 21, 2018

_____

_____

_____

_____

_____

Notes

_____

_____

_____

_____

_____

OCTOBER 22, 2018

OCTOBER 23, 2018

OCTOBER 24, 2018

OCTOBER 25, 2018

OCTOBER 26, 2018

OCTOBER 27, 2018

OCTOBER 28, 2018

Notes

OCTOBER 29, 2018

OCTOBER 30, 2018

OCTOBER 31, 2018

Notes

Notes

Notes

Notes

NOVEMBER

2018

SUNDAY	MONDAY	TUESDAY	WEDNESDAY
4	5	6	7
11	12	13	14
18	19	20	21
25	26	27	28

DECEMBER 2018

Sun	Mon	Tue	Wed	Thu	Fri	Sat
						1
2	3	4	5	6	7	8
9	10	11	12	13	14	15
16	17	18	19	20	21	22
23	24	25	26	27	28	29
30	31					

THURSDAY	FRIDAY	SATURDAY	NOTES
1	2	3	
8	9	10	
15	16	17	
22	23	24	
29	30		

NOVEMBER 1, 2018

_____

_____

_____

_____

_____

_____

NOVEMBER 2, 2018

_____

_____

_____

_____

_____

_____

NOVEMBER 3, 2018

_____

_____

_____

_____

_____

_____

NOVEMBER 4, 2018

_____

_____

_____

_____

_____

_____

NOVEMBER 5, 2018

_____

_____

_____

_____

_____

_____

NOVEMBER 6, 2018

_____

_____

_____

_____

_____

_____

NOVEMBER 7, 2018

_____

_____

_____

_____

_____

_____

Notes

_____

_____

_____

_____

_____

_____

NOVEMBER 8, 2018

NOVEMBER 9, 2018

NOVEMBER 10, 2018

NOVEMBER 11, 2018

NOVEMBER 12, 2018

NOVEMBER 13, 2018

NOVEMBER 14, 2018

Notes

NOVEMBER 15, 2018

NOVEMBER 16, 2018

NOVEMBER 17, 2018

NOVEMBER 18, 2018

NOVEMBER 19, 2018

NOVEMBER 20, 2018

NOVEMBER 21, 2018

Notes

NOVEMBER 22, 2018

NOVEMBER 23, 2018

NOVEMBER 24, 2018

NOVEMBER 25, 2018

NOVEMBER 26, 2018

NOVEMBER 27, 2018

NOVEMBER 28, 2018

Notes

NOVEMBER 29, 2018

Notes

Notes

Notes

NOVEMBER 30, 2018

Notes

Notes

Notes

DECEMBER

2018

SUNDAY	MONDAY	TUESDAY	WEDNESDAY
2	3	4	5
9	10	11	12
16	17	18	19
23	24	25	26
30	31		

JANUARY 2019

Sun	Mon	Tue	Wed	Thu	Fri	Sat
		1	2	3	4	5
6	7	8	9	10	11	12
13	14	15	16	17	18	19
20	21	22	23	24	25	26
27	28	29	30	31		

THURSDAY	FRIDAY	SATURDAY	NOTES
		1	
6	7	8	
13	14	15	
20	21	22	
27	28	29	

DECEMBER 1, 2018

_____

_____

_____

_____

_____

DECEMBER 2, 2018

_____

_____

_____

_____

_____

DECEMBER 3, 2018

_____

_____

_____

_____

_____

DECEMBER 4, 2018

_____

_____

_____

_____

_____

DECEMBER 5, 2018

_____

_____

_____

_____

_____

DECEMBER 6, 2018

_____

_____

_____

_____

_____

DECEMBER 7, 2018

_____

_____

_____

_____

_____

Notes

_____

_____

_____

_____

_____

DECEMBER 8, 2018

DECEMBER 9, 2018

DECEMBER 10, 2018

DECEMBER 11, 2018

DECEMBER 12, 2018

DECEMBER 13, 2018

DECEMBER 14, 2018

Notes

DECEMBER 15, 2018

_____

_____

_____

_____

_____

_____

DECEMBER 16, 2018

_____

_____

_____

_____

_____

_____

DECEMBER 17, 2018

_____

_____

_____

_____

_____

_____

DECEMBER 18, 2018

_____

_____

_____

_____

_____

_____

DECEMBER 19, 2018

_____

_____

_____

_____

_____

_____

DECEMBER 20, 2018

_____

_____

_____

_____

_____

_____

DECEMBER 21, 2018

_____

_____

_____

_____

_____

_____

Notes

_____

_____

_____

_____

_____

_____

DECEMBER 22, 2018

_____

_____

_____

_____

_____

DECEMBER 23, 2018

_____

_____

_____

_____

_____

DECEMBER 24, 2018

_____

_____

_____

_____

_____

DECEMBER 25, 2018

_____

_____

_____

_____

_____

DECEMBER 26, 2018

_____

_____

_____

_____

_____

DECEMBER 27, 2018

_____

_____

_____

_____

_____

DECEMBER 28, 2018

_____

_____

_____

_____

_____

Notes

_____

_____

_____

_____

_____

DECEMBER 29, 2018

DECEMBER 30, 2018

DECEMBER 31, 2018

Notes

Notes

Notes

Notes

Notes

CALENDAR
2019

JANUARY

SUN	MON	TUE	WED	THU	FRI	SAT
		1	2	3	4	5
6	7	8	9	10	11	12
13	14	15	16	17	18	19
20	21	22	23	24	25	26
27	28	29	30	31		

FEBRUARY

SUN	MON	TUE	WED	THU	FRI	SAT
					1	2
3	4	5	6	7	8	9
10	11	12	13	14	15	16
17	18	19	20	21	22	23
24	25	26	27	28		

MARCH

SUN	MON	TUE	WED	THU	FRI	SAT
					1	2
3	4	5	6	7	8	9
10	11	12	13	14	15	16
17	18	19	20	21	22	23
24	25	26	27	28	29	30
31						

APRIL

SUN	MON	TUE	WED	THU	FRI	SAT
	1	2	3	4	5	6
7	8	9	10	11	12	13
14	15	16	17	18	19	20
21	22	23	24	25	26	27
28	29	30				

MAY

SUN	MON	TUE	WED	THU	FRI	SAT
			1	2	3	4
5	6	7	8	9	10	11
12	13	14	15	16	17	18
19	20	21	22	23	24	25
26	27	28	29	30	31	

JUNE

SUN	MON	TUE	WED	THU	FRI	SAT
						1
2	3	4	5	6	7	8
9	10	11	12	13	14	15
16	17	18	19	20	21	22
23	24	25	26	27	28	29
30						

JULY

SUN	MON	TUE	WED	THU	FRI	SAT
	1	2	3	4	5	6
7	8	9	10	11	12	13
14	15	16	17	18	19	20
21	22	23	24	25	26	27
28	29	30	31			

AUGUST

SUN	MON	TUE	WED	THU	FRI	SAT
				1	2	3
4	5	6	7	8	9	10
11	12	13	14	15	16	17
18	19	20	21	22	23	24
25	26	27	28	29	30	31

SEPTEMBER

SUN	MON	TUE	WED	THU	FRI	SAT
1	2	3	4	5	6	7
8	9	10	11	12	13	14
15	16	17	18	19	20	21
22	23	24	25	26	27	28
29	30					

OCTOBER

SUN	MON	TUE	WED	THU	FRI	SAT
		1	2	3	4	5
6	7	8	9	10	11	12
13	14	15	16	17	18	19
20	21	22	23	24	25	26
27	28	29	30	31		

NOVEMBER

SUN	MON	TUE	WED	THU	FRI	SAT
					1	2
3	4	5	6	7	8	9
10	11	12	13	14	15	16
17	18	19	20	21	22	23
24	25	26	27	28	29	30

DECEMBER

SUN	MON	TUE	WED	THU	FRI	SAT
1	2	3	4	5	6	7
8	9	10	11	12	13	14
15	16	17	18	19	20	21
22	23	24	25	26	27	28
29	30	31				

2019 YEAR AT A GLANCE

| 01 | JANUARY | 02 | FEBRUARY | 03 | MARCH |

| 04 | APRIL | 05 | MAY | 06 | JUNE |

| 07 | JULY | 08 | AUGUST | 09 | SEPTEMBER |

| 10 | OCTOBER | 11 | NOVEMBER | 12 | DECEMBER |

2019 YEAR AT A GLANCE

01	JANUARY		02	FEBRUARY		03	MARCH
1		1		1	
2		2		2	
3		3		3	
4		4		4	
5		5		5	
6		6		6	
7		7		7	
8		8		8	
9		9		9	
10		10		10	
11		11		11	
12		12		12	
13		13		13	
14		14		14	
15		15		15	
16		16		16	
17		17		17	
18		18		18	
19		19		19	
20		20		20	
21		21		21	
22		22		22	
23		23		23	
24		24		24	
25		25		25	
26		26		26	
27		27		27	
28		28		28	
29		29		29	
30				30	
31				31	

2019 YEAR AT A GLANCE

04	APRIL
1	
2	
3	
4	
5	
6	
7	
8	
9	
10	
11	
12	
13	
14	
15	
16	
17	
18	
19	
20	
21	
22	
23	
24	
25	
26	
27	
28	
29	
30	

05	MAY
1	
2	
3	
4	
5	
6	
7	
8	
9	
10	
11	
12	
13	
14	
15	
16	
17	
18	
19	
20	
21	
22	
23	
24	
25	
26	
27	
28	
29	
30	
31	

06	JUNE
1	
2	
3	
4	
5	
6	
7	
8	
9	
10	
11	
12	
13	
14	
15	
16	
17	
18	
19	
20	
21	
22	
23	
24	
25	
26	
27	
28	
29	
30	

2019 YEAR AT A GLANCE

07 I JULY	08 I AUGUST	09 I SEPTEMBER
1	1	1
2	2	2
3	3	3
4	4	4
5	5	5
6	6	6
7	7	7
8	8	8
9	9	9
10	10	10
11	11	11
12	12	12
13	13	13
14	14	14
15	15	15
16	16	16
17	17	17
18	18	18
19	19	19
20	20	20
21	21	21
22	22	22
23	23	23
24	24	24
25	25	25
26	26	26
27	27	27
28	28	28
29	29	29
30	30	30
31	31	

2019 YEAR AT A GLANCE

10	OCTOBER	11	NOVEMBER	12	DECEMBER
1		1		1	
2		2		2	
3		3		3	
4		4		4	
5		5		5	
6		6		6	
7		7		7	
8		8		8	
9		9		9	
10		10		10	
11		11		11	
12		12		12	
13		13		13	
14		14		14	
15		15		15	
16		16		16	
17		17		17	
18		18		18	
19		19		19	
20		20		20	
21		21		21	
22		22		22	
23		23		23	
24		24		24	
25		25		25	
26		26		26	
27		27		27	
28		28		28	
29		29		29	
30		30		30	
31				31	

YEARLY GOALS

01	JANUARY	02	FEBRUARY	03	MARCH

04	APRIL	05	MAY	06	JUNE

07	JULY	08	AUGUST	09	SEPTEMBER

10	OCTOBER	11	NOVEMBER	12	DECEMBER

CONTACT INFORMATION

NAME:	
Email	
Phone	
Birthday	
Address	

NAME:	
Email	
Phone	
Birthday	
Address	

NAME:	
Email	
Phone	
Birthday	
Address	

NAME:	
Email	
Phone	
Birthday	
Address	

NAME:	
Email	
Phone	
Birthday	
Address	

NAME:	
Email	
Phone	
Birthday	
Address	

NAME:	
Email	
Phone	
Birthday	
Address	

NAME:	
Email	
Phone	
Birthday	
Address	

CONTACT INFORMATION

NAME:
Email
Phone
Birthday
Address

NAME:
Email
Phone
Birthday
Address

NAME:
Email
Phone
Birthday
Address

NAME:
Email
Phone
Birthday
Address

NAME:
Email
Phone
Birthday
Address

NAME:
Email
Phone
Birthday
Address

NAME:
Email
Phone
Birthday
Address

NAME:
Email
Phone
Birthday
Address

CONTACT INFORMATION

NAME:	
Email	
Phone	
Birthday	
Address	

NAME:	
Email	
Phone	
Birthday	
Address	

NAME:	
Email	
Phone	
Birthday	
Address	

NAME:	
Email	
Phone	
Birthday	
Address	

NAME:	
Email	
Phone	
Birthday	
Address	

NAME:	
Email	
Phone	
Birthday	
Address	

NAME:	
Email	
Phone	
Birthday	
Address	

NAME:	
Email	
Phone	
Birthday	
Address	

JANUARY

2019

SUNDAY	MONDAY	TUESDAY	WEDNESDAY
		1	2
6	7	8	9
13	14	15	16
20	21	22	23
27	28	29	30

FEBRUARY 2019

Sun	Mon	Tue	Wed	Thu	Fri	Sat
					1	2
3	4	5	6	7	8	9
10	11	12	13	14	15	16
17	18	19	20	21	22	23
24	25	26	27	28		

☐ _____
☐ _____
☐ _____
☐ _____
☐ _____

THURSDAY	FRIDAY	SATURDAY	NOTES
3	4	5	
10	11	12	
17	18	19	
24	25	26	
31			

JANUARY 1, 2019

JANUARY 2, 2019

JANUARY 3, 2019

JANUARY 4, 2019

JANUARY 5, 2019

JANUARY 6, 2019

JANUARY 7, 2019

Notes

JANUARY 8, 2019

JANUARY 9, 2019

JANUARY 10, 2019

JANUARY 11, 2019

JANUARY 12, 2019

JANUARY 13, 2019

JANUARY 14, 2019

Notes

JANUARY 15, 2019

_____

_____

_____

_____

_____

_____

JANUARY 16, 2019

_____

_____

_____

_____

_____

_____

JANUARY 17, 2019

_____

_____

_____

_____

_____

_____

JANUARY 18, 2019

_____

_____

_____

_____

_____

_____

JANUARY 19, 2019

_____

_____

_____

_____

_____

_____

JANUARY 20, 2019

_____

_____

_____

_____

_____

_____

JANUARY 21, 2019

_____

_____

_____

_____

Notes

_____

_____

_____

_____

JANUARY 22, 2019

_____

_____

_____

_____

_____

_____

JANUARY 24, 2019

_____

_____

_____

_____

_____

_____

JANUARY 26, 2019

_____

_____

_____

_____

_____

_____

JANUARY 28, 2019

_____

_____

_____

_____

_____

_____

JANUARY 23, 2019

_____

_____

_____

_____

_____

_____

JANUARY 25, 2019

_____

_____

_____

_____

_____

_____

JANUARY 27, 2019

_____

_____

_____

_____

_____

_____

Notes

_____

_____

_____

_____

_____

_____

JANUARY 29, 2019

_____

_____

_____

_____

_____

_____

JANUARY 31, 2019

_____

_____

_____

_____

_____

Notes

_____

_____

_____

_____

Notes

_____

_____

_____

_____

JANUARY 30, 2019

_____

_____

_____

_____

_____

_____

Notes

_____

_____

_____

_____

_____

Notes

_____

_____

_____

_____

Notes

_____

_____

_____

_____

FEBRUARY

2019

SUNDAY	MONDAY	TUESDAY	WEDNESDAY
3	4	5	6
10	11	12	13
17	18	19	20
24	25	26	27

		MARCH 2019				
Sun	Mon	Tue	Wed	Thu	Fri	Sat
					1	2
3	4	5	6	7	8	9
10	11	12	13	14	15	16
17	18	19	20	21	22	23
24	25	26	27	28	29	30
31						

THURSDAY	FRIDAY	SATURDAY	NOTES
	1	2	
7	8	9	
14	15	16	
21	22	23	
28			

FEBRUARY 1, 2019

_____

_____

_____

_____

_____

_____

FEBRUARY 2, 2019

_____

_____

_____

_____

_____

_____

FEBRUARY 3, 2019

_____

_____

_____

_____

_____

_____

FEBRUARY 4, 2019

_____

_____

_____

_____

_____

_____

FEBRUARY 5, 2019

_____

_____

_____

_____

_____

_____

FEBRUARY 6, 2019

_____

_____

_____

_____

_____

_____

FEBRUARY 7, 2019

_____

_____

_____

_____

_____

_____

Notes

_____

_____

_____

_____

_____

_____

FEBRUARY 8, 2019

FEBRUARY 9, 2019

FEBRUARY 10, 2019

FEBRUARY 11, 2019

FEBRUARY 12, 2019

FEBRUARY 13, 2019

FEBRUARY 14, 2019

Notes

FEBRUARY 15, 2019

FEBRUARY 16, 2019

FEBRUARY 17, 2019

FEBRUARY 18, 2019

FEBRUARY 19, 2019

FEBRUARY 20, 2019

FEBRUARY 21, 2019

Notes

FEBRUARY 22, 2019

_____
_____
_____
_____
_____
_____

FEBRUARY 23, 2019

_____
_____
_____
_____
_____
_____

FEBRUARY 24, 2019

_____
_____
_____
_____
_____
_____

FEBRUARY 25, 2019

_____
_____
_____
_____
_____
_____

FEBRUARY 26, 2019

_____
_____
_____
_____
_____
_____

FEBRUARY 27, 2019

_____
_____
_____
_____
_____
_____

FEBRUARY 28, 2019

_____
_____
_____
_____
_____
_____

Notes

_____
_____
_____
_____
_____
_____

MARCH

2019

SUNDAY	MONDAY	TUESDAY	WEDNESDAY
3	4	5	6
10	11	12	13
17	18	19	20
24	25	26	27
31			

		Sun	Mon	Tue	Wed	Thu	Fri	Sat
			1	2	3	4	5	6
		7	8	9	10	11	12	13
		14	15	16	17	18	19	20
		21	22	23	24	25	26	27
		28	29	30				

THURSDAY	FRIDAY	SATURDAY	NOTES
	1	2	
7	8	9	
14	15	16	
21	22	23	
28	29	30	

MARCH 1, 2019

_____

_____

_____

_____

_____

MARCH 2, 2019

_____

_____

_____

_____

_____

MARCH 3, 2019

_____

_____

_____

_____

_____

MARCH 4, 2019

_____

_____

_____

_____

_____

MARCH 5, 2019

_____

_____

_____

_____

_____

MARCH 6, 2019

_____

_____

_____

_____

_____

MARCH 7, 2019

_____

_____

_____

_____

_____

Notes

_____

_____

_____

_____

_____

MARCH 8, 2019

_____
_____
_____
_____
_____
_____
_____

MARCH 9, 2019

_____
_____
_____
_____
_____
_____
_____

MARCH 10, 2019

_____
_____
_____
_____
_____
_____
_____

MARCH 11, 2019

_____
_____
_____
_____
_____
_____
_____

MARCH 12, 2019

_____
_____
_____
_____
_____
_____
_____

MARCH 13, 2019

_____
_____
_____
_____
_____
_____
_____

MARCH 14, 2019

_____
_____
_____
_____
_____
_____
_____

Notes

_____
_____
_____
_____
_____
_____
_____

MARCH 15, 2019

MARCH 16, 2019

MARCH 17, 2019

MARCH 18, 2019

MARCH 19, 2019

MARCH 20, 2019

MARCH 21, 2019

Notes

MARCH 22, 2019

MARCH 23, 2019

MARCH 24, 2019

MARCH 25, 2019

MARCH 26, 2019

MARCH 27, 2019

MARCH 28, 2019

Notes

MARCH 29, 2019

_____

_____

_____

_____

_____

_____

MARCH 31, 2019

_____

_____

_____

_____

_____

_____

Notes

_____

_____

_____

_____

_____

Notes

_____

_____

_____

_____

_____

MARCH 30, 2019

_____

_____

_____

_____

_____

_____

Notes

_____

_____

_____

_____

_____

Notes

_____

_____

_____

_____

_____

Notes

_____

_____

_____

_____

_____

APRIL

2019

SUNDAY	MONDAY	TUESDAY	WEDNESDAY
	1	2	3
7	8	9	10
14	15	16	17
21	22	23	24
28	29	30	

Sun	Mon	Tue	Wed	Thu	Fri	Sat
			1	2	3	4
5	6	7	8	9	10	11
12	13	14	15	16	17	18
19	20	21	22	23	24	25
26	27	28	29	30	31	

THURSDAY	FRIDAY	SATURDAY	NOTES
4	5	6	
11	12	13	
18	19	20	
25	26	27	

APRIL 1, 2019

APRIL 2, 2019

APRIL 3, 2019

APRIL 4, 2019

APRIL 5, 2019

APRIL 6, 2019

APRIL 7, 2019

Notes

APRIL 8, 2019

APRIL 9, 2019

APRIL 10, 2019

APRIL 11, 2019

APRIL 12, 2019

APRIL 13, 2019

APRIL 14, 2019

Notes

APRIL 15, 2019

_____

_____

_____

_____

_____

_____

APRIL 16, 2019

_____

_____

_____

_____

_____

_____

APRIL 17, 2019

_____

_____

_____

_____

_____

_____

APRIL 18, 2019

_____

_____

_____

_____

_____

_____

APRIL 19, 2019

_____

_____

_____

_____

_____

_____

APRIL 20, 2019

_____

_____

_____

_____

_____

_____

APRIL 21, 2019

_____

_____

_____

_____

_____

_____

Notes

_____

_____

_____

_____

_____

_____

APRIL 22, 2019

APRIL 23, 2019

APRIL 24, 2019

APRIL 25, 2019

APRIL 26, 2019

APRIL 27, 2019

APRIL 28, 2019

Notes

APRIL 29, 2019

_____
_____
_____
_____
_____
_____

Notes

_____
_____
_____
_____
_____
_____

Notes

_____
_____
_____
_____
_____

Notes

_____
_____
_____
_____

APRIL 30, 2019

_____
_____
_____
_____
_____
_____

Notes

_____
_____
_____
_____
_____
_____

Notes

_____
_____
_____
_____
_____

Notes

_____
_____
_____
_____

MAY

MONTHLY MOTIVATION

SUNDAY	MONDAY	TUESDAY	WEDNESDAY
			1
5	6	7	8
12	13	14	15
19	20	21	22
26	27	28	29

JUNE 2019

Sun	Mon	Tue	Wed	Thu	Fri	Sat
						1
2	3	4	5	6	7	8
9	10	11	12	13	14	15
16	17	18	19	20	21	22
23	24	25	26	27	28	29
30						

THURSDAY	FRIDAY	SATURDAY	NOTES
2	3	4	
9	10	11	
16	17	18	
23	24	25	
30	31		

MAY 1, 2019

_____
_____
_____
_____
_____
_____

MAY 2, 2019

_____
_____
_____
_____
_____
_____

MAY 3, 2019

_____
_____
_____
_____
_____
_____

MAY 4, 2019

_____
_____
_____
_____
_____
_____

MAY 5, 2019

_____
_____
_____
_____
_____
_____

MAY 6, 2019

_____
_____
_____
_____
_____
_____

MAY 7, 2019

_____
_____
_____
_____
_____
_____

Notes

_____
_____
_____
_____
_____
_____

MAY 8, 2019

MAY 9, 2019

MAY 10, 2019

MAY 11, 2019

MAY 12, 2019

MAY 13, 2019

MAY 14, 2019

Notes

MAY 15, 2019

MAY 16, 2019

MAY 17, 2019

MAY 18, 2019

MAY 19, 2019

MAY 20, 2019

MAY 21, 2019

Notes

MAY 22, 2019

MAY 23, 2019

MAY 24, 2019

MAY 25, 2019

MAY 26, 2019

MAY 27, 2019

MAY 28, 2019

Notes

MAY 29, 2019

_____
_____
_____
_____
_____
_____

MAY 31, 2019

_____
_____
_____
_____
_____
_____

Notes

_____
_____
_____
_____
_____

Notes

_____
_____
_____
_____

MAY 30, 2019

_____
_____
_____
_____
_____
_____

Notes

_____
_____
_____
_____
_____

Notes

_____
_____
_____
_____
_____

JUNE

2019

SUNDAY	MONDAY	TUESDAY	WEDNESDAY
2	3	4	5
9	10	11	12
16	17	18	19
23	24	25	26
30			

☐
☐
☐
☐
☐

JULY 2019

Sun	Mon	Tue	Wed	Thu	Fri	Sat
	1	2	3	4	5	6
7	8	9	10	11	12	13
14	15	16	17	18	19	20
21	22	23	24	25	26	27
28	29	30	31			

THURSDAY	FRIDAY	SATURDAY	NOTES
		1	
6	7	8	
13	14	15	
20	21	22	
27	28	29	

JUNE 1, 2019

_____

_____

_____

_____

_____

_____

JUNE 2, 2019

_____

_____

_____

_____

_____

_____

JUNE 3, 2019

_____

_____

_____

_____

_____

_____

JUNE 4, 2019

_____

_____

_____

_____

_____

_____

JUNE 5, 2019

_____

_____

_____

_____

_____

_____

JUNE 6, 2019

_____

_____

_____

_____

_____

_____

JUNE 7, 2019

_____

_____

_____

_____

_____

_____

Notes

_____

_____

_____

_____

_____

_____

JUNE 8, 2019

JUNE 9, 2019

JUNE 10, 2019

JUNE 11, 2019

JUNE 12, 2019

JUNE 13, 2019

JUNE 14, 2019

Notes

JUNE 15, 2019

JUNE 16, 2019

JUNE 17, 2019

JUNE 18, 2019

JUNE 19, 2019

JUNE 20, 2019

JUNE 21, 2019

Notes

JUNE 22, 2019

JUNE 23, 2019

JUNE 24, 2019

JUNE 25, 2019

JUNE 26, 2019

JUNE 27, 2019

JUNE 28, 2019

Notes

JUNE 29, 2019

_____
_____
_____
_____
_____
_____
_____

Notes

_____
_____
_____
_____
_____
_____

Notes

_____
_____
_____
_____
_____

Notes

_____
_____
_____
_____
_____

JUNE 30, 2019

_____
_____
_____
_____
_____
_____
_____

Notes

_____
_____
_____
_____
_____
_____

Notes

_____
_____
_____
_____
_____

Notes

_____
_____
_____
_____
_____

JULY

2019

SUNDAY	MONDAY	TUESDAY	WEDNESDAY
	1	2	3
7	8	9	10
14	15	16	17
21	22	23	24
28	29	30	31

AUGUST

S	M	T	W	T	F	S
				1	2	3
4	5	6	7	8	9	10
11	12	13	14	15	16	17
18	19	20	21	22	23	24
25	26	27	28	29	30	31

- ☐
- ☐
- ☐
- ☐
- ☐

THURSDAY	FRIDAY	SATURDAY	NOTES
4	5	6	
11	12	13	
18	19	20	
25	26	27	

JULY 1, 2019

_____
_____
_____
_____
_____
_____

JULY 2, 2019

_____
_____
_____
_____
_____
_____

JULY 3, 2019

_____
_____
_____
_____
_____
_____

JULY 4, 2019

_____
_____
_____
_____
_____
_____

JULY 5, 2019

_____
_____
_____
_____
_____
_____

JULY 6, 2019

_____
_____
_____
_____
_____
_____

JULY 7, 2019

_____
_____
_____
_____
_____
_____

Notes

_____
_____
_____
_____
_____
_____

JULY 8, 2019

JULY 9, 2019

JULY 10, 2019

JULY 11, 2019

JULY 12, 2019

JULY 13, 2019

JULY 14, 2019

Notes

JULY 15, 2019

JULY 16, 2019

JULY 17, 2019

JULY 18, 2019

JULY 19, 2019

JULY 20, 2019

JULY 21, 2019

Notes

JULY 22, 2019

JULY 23, 2019

JULY 24, 2019

JULY 25, 2019

JULY 26, 2019

JULY 27, 2019

JULY 28, 2019

Notes

JULY 29, 2019

_____

_____

_____

_____

_____

_____

_____

JULY 31, 2019

_____

_____

_____

_____

_____

_____

Notes

_____

_____

_____

_____

_____

Notes

_____

_____

_____

_____

_____

JULY 30, 2019

_____

_____

_____

_____

_____

_____

_____

Notes

_____

_____

_____

_____

_____

_____

Notes

_____

_____

_____

_____

_____

Notes

_____

_____

_____

_____

_____

AUGUST

2019

SUNDAY	MONDAY	TUESDAY	WEDNESDAY
4	5	6	7
11	12	13	14
18	19	20	21
25	26	27	28

SEPTEMBER

S	M	T	W	T	F	S
1	2	3	4	5	6	7
8	9	10	11	12	13	14
15	16	17	18	19	20	21
22	23	24	25	26	27	28
29	30					

☐
☐
☐
☐
☐

THURSDAY	FRIDAY	SATURDAY	NOTES
1	2	3	
8	9	10	
15	16	17	
22	23	24	
29	30	31	

AUGUST 1, 2019

_____

_____

_____

_____

_____

_____

_____

AUGUST 2, 2019

_____

_____

_____

_____

_____

_____

_____

AUGUST 3, 2019

_____

_____

_____

_____

_____

_____

_____

AUGUST 4, 2019

_____

_____

_____

_____

_____

_____

_____

AUGUST 5, 2019

_____

_____

_____

_____

_____

_____

_____

AUGUST 6, 2019

_____

_____

_____

_____

_____

_____

_____

AUGUST 7, 2019

_____

_____

_____

_____

_____

_____

_____

Notes

_____

_____

_____

_____

_____

_____

_____

AUGUST 8, 2019

AUGUST 9, 2019

AUGUST 10, 2019

AUGUST 11, 2019

AUGUST 12, 2019

AUGUST 13, 2019

AUGUST 14, 2019

Notes

AUGUST 15, 2019

AUGUST 16, 2019

AUGUST 17, 2019

AUGUST 18, 2019

AUGUST 19, 2019

AUGUST 20, 2019

AUGUST 21, 2019

Notes

AUGUST 22, 2019

AUGUST 23, 2019

AUGUST 24, 2019

AUGUST 25, 2019

AUGUST 26, 2019

AUGUST 27, 2019

AUGUST 28, 2019

Notes

AUGUST 29, 2019

AUGUST 31, 2019

Notes

Notes

AUGUST 30, 2019

Notes

Notes

Notes

SEPTEMBER

2019

SUNDAY	MONDAY	TUESDAY	WEDNESDAY
1	2	3	4
8	9	10	11
15	16	17	18
22	23	24	25
29	30		

OCTOBER

S	M	T	W	T	F	S
		1	2	3	4	5
6	7	8	9	10	11	12
13	14	15	16	17	18	19
20	21	22	23	24	25	26
27	28	29	30	31		

☐
☐
☐
☐
☐

THURSDAY	FRIDAY	SATURDAY	NOTES
5	6	7	
12	13	14	
19	20	21	
26	27	28	

SEPTEMBER 1, 2019

_____

_____

_____

_____

_____

_____

SEPTEMBER 2, 2019

_____

_____

_____

_____

_____

SEPTEMBER 3, 2019

_____

_____

_____

_____

_____

SEPTEMBER 4, 2019

_____

_____

_____

_____

_____

SEPTEMBER 5, 2019

_____

_____

_____

_____

_____

SEPTEMBER 6, 2019

_____

_____

_____

_____

SEPTEMBER 7, 2019

_____

_____

_____

_____

Notes

_____

_____

_____

_____

SEPTEMBER 8, 2019

SEPTEMBER 9, 2019

SEPTEMBER 10, 2019

SEPTEMBER 11, 2019

SEPTEMBER 12, 2019

SEPTEMBER 13, 2019

SEPTEMBER 14, 2019

Notes

SEPTEMBER 15, 2019

SEPTEMBER 16, 2019

SEPTEMBER 17, 2019

SEPTEMBER 18, 2019

SEPTEMBER 19, 2019

SEPTEMBER 20, 2019

SEPTEMBER 21, 2019

Notes

SEPTEMBER 22, 2019

SEPTEMBER 23, 2019

SEPTEMBER 24, 2019

SEPTEMBER 25, 2019

SEPTEMBER 26, 2019

SEPTEMBER 27, 2019

SEPTEMBER 28, 2019

Notes

SEPTEMBER 29, 2019

_____

_____

_____

_____

_____

_____

Notes

_____

_____

_____

_____

_____

_____

Notes

_____

_____

_____

_____

_____

Notes

_____

_____

_____

_____

SEPTEMBER 30, 2019

_____

_____

_____

_____

_____

_____

Notes

_____

_____

_____

_____

_____

_____

Notes

_____

_____

_____

_____

_____

Notes

_____

_____

_____

_____

OCTOBER

2019

SUNDAY	MONDAY	TUESDAY	WEDNESDAY
		1	2
6	7	8	9
13	14	15	16
20	21	22	23
27	28	29	30

NOVEMBER

S	M	T	W	T	F	S
					1	2
3	4	5	6	7	8	9
10	11	12	13	14	15	16
17	18	19	20	21	22	23
24	25	26	27	28	29	30

THURSDAY	FRIDAY	SATURDAY	NOTES
3	4	5	
10	11	12	
17	18	19	
24	25	26	
31			

OCTOBER 1, 2019

_____

_____

_____

_____

_____

OCTOBER 2, 2019

_____

_____

_____

_____

_____

OCTOBER 3, 2019

_____

_____

_____

_____

_____

OCTOBER 4, 2019

_____

_____

_____

_____

_____

OCTOBER 5, 2019

_____

_____

_____

_____

_____

OCTOBER 6, 2019

_____

_____

_____

_____

_____

OCTOBER 7, 2019

_____

_____

_____

_____

Notes

_____

_____

_____

_____

OCTOBER 8, 2019

OCTOBER 9, 2019

OCTOBER 10, 2019

OCTOBER 11, 2019

OCTOBER 12, 2019

OCTOBER 13, 2019

OCTOBER 14, 2019

Notes

OCTOBER 15, 2019

_____

_____

_____

_____

_____

OCTOBER 16, 2019

_____

_____

_____

_____

_____

OCTOBER 17, 2019

_____

_____

_____

_____

_____

OCTOBER 18, 2019

_____

_____

_____

_____

_____

OCTOBER 19, 2019

_____

_____

_____

_____

_____

OCTOBER 20, 2019

_____

_____

_____

_____

_____

OCTOBER 21, 2019

_____

_____

_____

_____

_____

Notes

_____

_____

_____

_____

_____

OCTOBER 22, 2019

OCTOBER 23, 2019

OCTOBER 24, 2019

OCTOBER 25, 2019

OCTOBER 26, 2019

OCTOBER 27, 2019

OCTOBER 28, 2019

Notes

OCTOBER 29, 2019

OCTOBER 30, 2019

OCTOBER 31, 2019

Notes

Notes

Notes

Notes

Notes

NOVEMBER

2019

SUNDAY	MONDAY	TUESDAY	WEDNESDAY
3	4	5	6
10	11	12	13
17	18	19	20
24	25	26	27

DECEMBER

S	M	T	W	T	F	S
1	2	3	4	5	6	7
8	9	10	11	12	13	14
15	16	17	18	19	20	21
22	23	24	25	26	27	28
29	30	31				

☐
☐
☐
☐
☐

THURSDAY	FRIDAY	SATURDAY	NOTES
	1	2	
7	8	9	
14	15	16	
21	22	23	
28	29	30	

NOVEMBER 1, 2019

_____

_____

_____

_____

_____

NOVEMBER 2, 2019

_____

_____

_____

_____

_____

NOVEMBER 3, 2019

_____

_____

_____

_____

_____

NOVEMBER 4, 2019

_____

_____

_____

_____

_____

NOVEMBER 5, 2019

_____

_____

_____

_____

_____

NOVEMBER 6, 2019

_____

_____

_____

_____

_____

NOVEMBER 7, 2019

_____

_____

_____

_____

_____

Notes

_____

_____

_____

_____

_____

NOVEMBER 8, 2019

NOVEMBER 9, 2019

NOVEMBER 10, 2019

NOVEMBER 11, 2019

NOVEMBER 12, 2019

NOVEMBER 13, 2019

NOVEMBER 14, 2019

Notes

NOVEMBER 15, 2019

_____

_____

_____

_____

_____

_____

NOVEMBER 16, 2019

_____

_____

_____

_____

_____

_____

NOVEMBER 17, 2019

_____

_____

_____

_____

_____

_____

NOVEMBER 18, 2019

_____

_____

_____

_____

_____

_____

NOVEMBER 19, 2019

_____

_____

_____

_____

_____

_____

NOVEMBER 20, 2019

_____

_____

_____

_____

_____

_____

NOVEMBER 21, 2019

_____

_____

_____

_____

_____

_____

Notes

_____

_____

_____

_____

_____

_____

NOVEMBER 22, 2019

NOVEMBER 23, 2019

NOVEMBER 24, 2019

NOVEMBER 25, 2019

NOVEMBER 26, 2019

NOVEMBER 27, 2019

NOVEMBER 28, 2019

Notes

NOVEMBER 29, 2019

_____

_____

_____

_____

_____

_____

NOVEMBER 31, 2019

_____

_____

_____

_____

_____

_____

Notes

_____

_____

_____

_____

_____

_____

Notes

_____

_____

_____

_____

_____

_____

NOVEMBER 30, 2019

_____

_____

_____

_____

_____

_____

Notes

_____

_____

_____

_____

_____

_____

Notes

_____

_____

_____

_____

_____

_____

Notes

_____

_____

_____

_____

_____

_____

DECEMBER

2019

SUNDAY	MONDAY	TUESDAY	WEDNESDAY
1	2	3	4
8	9	10	11
15	16	17	18
22	23	24	25
29	30	31	

JANUARY

S	M	T	W	T	F	S
			1	2	3	4
5	6	7	8	9	10	11
12	13	14	15	16	17	18
19	20	21	22	23	24	25
26	27	28	29	30	31	

THURSDAY	FRIDAY	SATURDAY	NOTES
5	6	7	
12	13	14	
19	20	21	
26	27	28	

DECEMBER 1, 2019

_____

_____

_____

_____

_____

DECEMBER 2, 2019

_____

_____

_____

_____

_____

DECEMBER 3, 2019

_____

_____

_____

_____

_____

DECEMBER 4, 2019

_____

_____

_____

_____

_____

DECEMBER 5, 2019

_____

_____

_____

_____

_____

DECEMBER 6, 2019

_____

_____

_____

_____

_____

DECEMBER 7, 2019

_____

_____

_____

_____

_____

Notes

_____

_____

_____

_____

_____

DECEMBER 8, 2019

DECEMBER 9, 2019

DECEMBER 10, 2019

DECEMBER 11, 2019

DECEMBER 12, 2019

DECEMBER 13, 2019

DECEMBER 14, 2019

Notes

DECEMBER 15, 2019

DECEMBER 16, 2019

DECEMBER 17, 2019

DECEMBER 18, 2019

DECEMBER 19, 2019

DECEMBER 20, 2019

DECEMBER 21, 2019

Notes

DECEMBER 22, 2019

DECEMBER 23, 2019

DECEMBER 24, 2019

DECEMBER 25, 2019

DECEMBER 26, 2019

DECEMBER 27, 2019

DECEMBER 28, 2019

Notes

DECEMBER 29, 2019

_____
_____
_____
_____
_____
_____

DECEMBER 31, 2019

_____
_____
_____
_____
_____
_____

Notes

_____
_____
_____
_____
_____

Notes

_____
_____
_____
_____
_____

DECEMBER 30, 2019

_____
_____
_____
_____
_____
_____

Notes

_____
_____
_____
_____
_____
_____

Notes

_____
_____
_____
_____
_____

Notes

_____
_____
_____
_____
_____

2020 Calendar

January 2020

SUN	MON	TUE	WED	THU	FRI	SAT
			1	2	3	4
5	6	7	8	9	10	11
12	13	14	15	16	17	18
19	20	21	22	23	24	25
26	27	28	29	30	31	

February 2020

SUN	MON	TUE	WED	THU	FRI	SAT
						1
2	3	4	5	6	7	8
9	10	11	12	13	14	15
16	17	18	19	20	21	22
23	24	25	26	27	28	29

March 2020

SUN	MON	TUE	WED	THU	FRI	SAT
1	2	3	4	5	6	7
8	9	10	11	12	13	14
15	16	17	18	19	20	21
22	23	24	25	26	27	28
29	30	31				

April 2020

SUN	MON	TUE	WED	THU	FRI	SAT
			1	2	3	4
5	6	7	8	9	10	11
12	13	14	15	16	17	18
19	20	21	22	23	24	25
26	27	28	29	30		

May 2020

SUN	MON	TUE	WED	THU	FRI	SAT
					1	2
3	4	5	6	7	8	9
10	11	12	13	14	15	16
17	18	19	20	21	22	23
24	25	26	27	28	29	30
31						

June 2020

SUN	MON	TUE	WED	THU	FRI	SAT
	1	2	3	4	5	6
7	8	9	10	11	12	13
14	15	16	17	18	19	20
21	22	23	24	25	26	27
28	29	30				

July 2020

SUN	MON	TUE	WED	THU	FRI	SAT
			1	2	3	4
5	6	7	8	9	10	11
12	13	14	15	16	17	18
19	20	21	22	23	24	25
26	27	28	29	30	31	

August 2020

SUN	MON	TUE	WED	THU	FRI	SAT
						1
2	3	4	5	6	7	8
9	10	11	12	13	14	15
16	17	18	19	20	21	22
23	24	25	26	27	28	29
30	31					

September 2020

SUN	MON	TUE	WED	THU	FRI	SAT
		1	2	3	4	5
6	7	8	9	10	11	12
13	14	15	16	17	18	19
20	21	22	23	24	25	26
27	28	29	30			

October 2020

SUN	MON	TUE	WED	THU	FRI	SAT
				1	2	3
4	5	6	7	8	9	10
11	12	13	14	15	16	17
18	19	20	21	22	23	24
25	26	27	28	29	30	31

November 2020

SUN	MON	TUE	WED	THU	FRI	SAT
1	2	3	4	5	6	7
8	9	10	11	12	13	14
15	16	17	18	19	20	21
22	23	24	25	26	27	28
29	30					

December 2020

SUN	MON	TUE	WED	THU	FRI	SAT
		1	2	3	4	5
6	7	8	9	10	11	12
13	14	15	16	17	18	19
20	21	22	23	24	25	26
27	28	29	30	31